BEI GRIN MACHT SICH IHR
WISSEN BEZAHLT

- Wir veröffentlichen Ihre Hausarbeit,
  Bachelor- und Masterarbeit

- Ihr eigenes eBook und Buch -
  weltweit in allen wichtigen Shops

- Verdienen Sie an jedem Verkauf

Jetzt bei www.GRIN.com hochladen
und kostenlos publizieren

Bibliografische Information der Deutschen Nationalbibliothek:

Die Deutsche Bibliothek verzeichnet diese Publikation in der Deutschen National-
bibliografie; detaillierte bibliografische Daten sind im Internet über http://dnb.d-
nb.de/ abrufbar.

Impressum:

Copyright © 2009 GRIN Verlag, Open Publishing GmbH
Druck und Bindung: Books on Demand GmbH, Norderstedt Germany
ISBN: 9783640480050

Ulrike Weiß

Unterrichtsreihe für die 6. Klasse im Fach Biologie zum Thema "Nachweis der bei der Fotosynthese produzierten Stärke anhand eines Schülerexperiments"

Komplette Planung des Unterrichtsbesuchs inklusive Arbeitsblätter und Folien

GRIN Verlag

GRIN - Your knowledge has value

Der GRIN Verlag publiziert seit 1998 wissenschaftliche Arbeiten von Studenten, Hochschullehrern und anderen Akademikern als eBook und gedrucktes Buch. Die Verlagswebsite www.grin.com ist die ideale Plattform zur Veröffentlichung von Hausarbeiten, Abschlussarbeiten, wissenschaftlichen Aufsätzen, Dissertationen und Fachbüchern.

Besuchen Sie uns im Internet:

http://www.grin.com/

http://www.facebook.com/grincom

http://www.twitter.com/grin_com

SEMINAR
für das Lehramt an
Gymnasien und Gesamtschulen

StRef: Frau   Datum: 17.06.2009

Entwurf für den 1. Unterrichtsbesuch im Fach Biologie am 17. Juni 2009

Schule: Fachlehrerin:
Lerngruppe: Biologie 6c   Fachleiter:
Raum: NW3   Hauptseminarleiter:
Zeit: 09.00 – 09.45 (2. Std.)   Ausbildungskoordinatorin:

1. Zum Unterrichtsvorhaben bzw. Zur Unterrichtsreihe

1.1 Thema des Unterrichtsvorhabens/der Unterrichtsreihe
Aufbau und Funktion von Samenpflanzen

1.2 Themen der Unterrichtssequenzen
1) Der Bauplan der Blütenpflanzen –Die Funktion der Grundorgane.
2) Fortpflanzung und Entwicklung einer Blütenpflanze – Bestäubung und Befruchtung am Beispiel der Kirschblüte.
3) Verbreitung von Samenpflanzen.
4) **Die Fotosynthese als Prozess zum Aufbau von Glucose und Wasser mit Hilfe von Lichtenergie unter Freisetzung von Sauerstoff.**

1.3 Themen der Unterrichtsstunden der (betreffenden) Unterrichtssequenz
a) Erarbeitung des Aufbaus der Pflanzenzelle durch das Mikroskopieren von Blattzellen der Wasserpest.
b) Erarbeitung der Lichtabhängigkeit der Sauerstoffproduktion durch die Fotosynthese anhand eines Schülerexperiments.
c) Was Pflanzen zum leben brauchen- Erarbeitung der Abhängigkeit der Pflanzen von CO_2 und Wasser anhand historischer Versuche von Helmont und Priestley.
d) **Nachweis der bei der Fotosynthese produzierten Stärke anhand eines Schüler-experiments.**
e) Ohne Pflanzen kein Leben – Pflanzen als Produzenten.

1.4 Lernziele des Unterrichtsvorhabens/der Unterrichtsreihe

Mit dieser Unterrichtsreihe möchte ich hauptsächlich erreichen, dass die SuS den Aufbau der Grundorgane, die Entwicklung der Blütenpflanzen sowie die Fotosynthese als Prozess zum Aufbau von Stärke aus Kohlenstoffdioxid und Wasser mit Hilfe von Lichtenergie unter Freisetzung von Sauerstoff kennen lernen.

Des Weiteren sollen sich die SuS im Sinne der naturwissenschaftlichen Arbeitsweise in der Aufstellung von Vermutungen, der Beobachtung und Beschreibung biologischer Phänomene sowie in der Durchführung, Protokollierung und Erklärung einfacher quantitativer Experimente und Untersuchungen üben.

2. Zur Unterrichtsstunde

2.1 Gegenstand der Stunde
- Stärke als Produkt der Fotosynthese

2.2 Thema der Stunde
- Ein Schülerexperiment zum Nachweis der bei der Fotosynthese produzierten Stärke am Beispiel der Blattzellen einer Taubnessel.

2.3 Schwerpunktlernziel der Stunde
- Mit dieser Stunde möchte ich hauptsächlich erreichen, dass die SuS mit Hilfe eines Experiments zu der Erkenntnis gelangen, dass Pflanzen die durch die Fotosynthese produzierte Stärke in ihren Blattzellen speichern (kognitives LZ).

2.4 Weitere wichtige Lernziele der Stunde
- Die SuS üben sich in der Durchführung einfacher Experimente (psychomotorisches LZ).
- Die SuS üben sich in Beobachten, Beschreiben und Dokumentieren biologischer Phänomene (kognitives LZ).

2.5 Geplanter Verlauf

Arbeitsschritt			Did. Kurzkommentar:
Sachaspekt	Interaktions- form	Medium	(Bedeutung der Arbeitsschritte für den Lernprozess)
			Stundeneröffnung
Begrüßung			
Stummer Impuls: Folie „Hase" SuS beschreiben die Folie.	SB	Folie	Eröffnung
L: „ Wodurch wächst denn der Hase? " S: „Der Hase frisst die Pflanzen und wächst dadurch." L: „Wie ist das zu erklären? " S: „Die Pflanzen liefern die Energie zum wachsen." L: „In Pflanzen müsste also demnach Energie stecken. Schauen wir uns diesen Teil mal genauer an. Wie könnte denn unsere heutige Problemfrage lauten? " **„In welcher Form speichert die Pflanze Energie?"** L: „ Genau, dies ist ein weiterer Teil der Fotosynthese und mit diesem letzten Puzzleteil wollen wir uns heute genauer beschäftigen. "	SB Tafel		Hinleitung zur Problemfrage Fixierung der Problemfrage im Blickfeld der SuS
			Stundenmitte
Die SuS äußern ihre Vermutungen zur Problem- frage, diese werden durch den L. an der Tafel notiert.	SB	Tafel	Vermutungsphase, Förderung Kreativität, Abrufen des Vorwissens
L: „ Was könntet ihr als interessierte Biologen denn nun machen um eure Vermutungen zu überprüfen? "	SB		
L informiert über Stundenvorhaben „Ihr werdet also heute ein Experiment durchführen, mit dem ihr am Ende der Stunde unsere Leitfrage überprüfen könnt!" L teilt Arbeitsblätter zur Versuchsdurchführung und –protokollierung aus und bespricht diese. (AB siehe Anhang)	LI	AB1/2	Transparenz, Schaffung von Klarheit zum Ablauf der Erarbeitungsphase. Was soll wie und durch wen gemacht werden. Sicherheitshinweise!
SuS führen in Gruppen das Experiment durch, Gruppensprecher holen Materialien, Gruppeneinteilung nach Tischgruppen.	GA	AB1/2 X1 siehe Tabellen- ende	Erarbeitung In dieser Phase liegt der Fokus auf der Beobach- tung und Dokumenta- tion. Die SuS üben sich so in der Ausführung wissenschaftlicher Arbeitsweisen.

2.5. Geplanter Verlauf - Fortsetzung

Arbeitsschritt			Did. Kurzkommentar:
Sachaspekt	Interaktions-form	Medium	(Bedeutung der Arbeitsschritte für den Lernprozess)
			X_2 Anmerkungen zur Versuchsdurchführung siehe Tabellenende
Die SuS bearbeiten die Aufgaben des AB1 und notieren ihre Ergebnisse auf ihrem AB2. Arbeitsaufträge: siehe AB1 Erwartungshorizont zum Arbeitsauftrag: siehe mögliches Tafelbild	GA	AB2	
			Stundenabschluss
Beobachtungen und Deutungen werden im Plenum besprochen und an der Tafel notiert. Die SuS ergänzen ggf. ihr AB.	SB	Tafel	Besprechung der Arbeitsergebnisse
SuS ziehen Schlüsse aus den Ergebnissen. Diese werden mit den Vermutungen an der Tafel abgeglichen. Bei uneindeutigen Ergebnissen wird eine Fehlerdiskussion durchgeführt.	SB	Tafel	Rückbezug zum Stundenanfang
Die SuS formulieren einen Merksatz. Dieser wird an der Tafel notiert und durch die SuS auf ihr AB2 übertragen. L informiert SuS, dass sie nun alle Faktoren der Fotosynthese kennen, teilt AB3 aus.	SB	Tafel AB2	Lernzielsicherung
L legt Folie „Die Fotosynthese" auf. *L: „In den letzten drei Stunden haben wir einige Versuche zur Fotosynthese der Pflanzen besprochen und selber durchgeführt. Jetzt wollen wir die Ergebnisse zusammentragen und so eine Fotosynthesegleichung aufstellen."* <u>Alternatives Ende</u> Sollten die SuS zu dieser Zeit keinen Merksatz aufgestellt haben, so soll dies zur nächsten Stunde als Hausaufgabe geschehen. Das Zusammentragen der Ergebnisse in eine Fotosynthesegleichung wird dann in der folgenden Stunde stattfinden.	SB	Folie AB3	Zusammenführung der Ergebnisse der letzen drei Stunden. Lernzielsicherung

Anmerkungen:

X_1:

je Gruppe:	Heizplatte, Handschuhe, Schutzbrillen, Becherglas, Glasstab, Pinzette, Reagenzglasständer, Reagenzglas, 2 Petrischalen, Iod-Kaliumiodidlösung, Stärkepulver
Lehrer:	Heizplatte, Handschuhe, Schutzbrille, Becherglas, Ethanol, Pinzette

X_2:

Das Schwenken der gekochten Blätter in Ethanol wird als Sicherheitsmaßnahme durch die Lehrkraft übernommen und unter dem Abzug durchgeführt. Der Abzug ist von drei Seiten einsehbar, so dass die SuS nacheinander die Möglichkeit haben diesen Schritt des Versuchs zu beobachten.

2.6 Geplantes Tafel- oder/und Folienbild der Stunde

I: mögliches Tafelbild
       (siehe Anhang)

II: AB 1 + 2 Experimente zur Fotosynthese
       Folie/AB „Die Fotosynthesegleichung"
       (siehe Anhang)

III: Folie „Hase"

2.7 Hausaufgabe zur Stunde: -

2.8 Hausaufgabe zur nächsten Stunde: -

3 Quellen:
- Hausfeld, R.; Schulenberg, W. (Hrsg.): Bioskop 7-9, Gymnasium Nordrhein-Westfalen. Braunschweig: Westermann, 2009. 36-37.
- http://www.fuerihrendrucker-shop.de/shop/images/achtung.gif; Zugriff 26.05.2009
- http://www.helmholtz-muenchen.de/neu/gsf-lab/Photosynthese-Skript.pdf; Zugriff. 26.05.2009

I: mögliches Tafelbild

Problemfrage: „**In welcher Form speichert die Pflanze Energie zum wachsen und leben?**"

Vermutungen: Die Pflanze ...

    ... speichert Energie in Form von Zucker

    ... speichert Energie in Form von Stärke

    ... speichert Energie in Form von Fett

    ...

Versuchsdurchführung: siehe AB

Beobachtung: A) Behandelt man Stärke mit Iod-Kaliumiodidlösung so färbt sich diese dunkellila bis schwarz.

    B) Einige Stellen des vorher entfärbten Blattes färben sich dunkellila (siehe Zeichnung)

Deutung: A) Iod-Kaliumiodidlösung ist ein Nachweis für Stärke.

    B) In Blättern befindet sich gespeicherte Stärke.

Antwortsatz: Pflanzen speichern in ihren Blattzellen die bei der Fotosynthese hergestellte Energie in Form von Stärke.

II: Arbeitsblatt 1 „Experimente zur Fotosynthese III- Versuchsdurchführung"

Arbeitsblatt 2 „Experimente zur Fotosynthese III"

Folie/AB „Die Fotosynthesegleichung"

(siehe folgende Seiten)

Versuchsdurchführung!

1. Die „Materialholer" besorgen folgende Materialien:

- ➢ Schutzbrillen
- ➢ Heizplatte
- ➢ Handschuhe
- ➢ Becherglas mit Glasstab
- ➢ Reagenzglasständer

- ➢ Reagenzglas mit **einer Spartelspitze Stärkepulver**
- ➢ Pinzette
- ➢ 2 Petrischalen
- ➢ Iod-Kaliumiodidlösung – **Achtung! Fleckengefahr!**
- ➢ Blätter der Buntnessel

Versuch A:

Tipp: Führe erst Schritt 1 von Versuch B durch und bearbeite dann Versuch A!

1. Fülle eine Spartelspitze Stärkepulver in das Reagenzglas.
2. Füge 4-5 Tropfen Iod-Kaliumiodidlösung hinzu und schüttele das Reagenzglas leicht so dass sich beide Komponenten vermischen.
3. Halte das Reagenzglas gegen das Licht oder vor ein weißes Blatt.

Aufgabe: Notiere Beobachtung und Deutung auf deinem Arbeitsblatt! Nutze einen Bleistift.

Versuch B:

**Achtung! Schutzbrille aufsetzen!
Heizplatte und Becherglas werden nur mit
Handschuhen angefasst!**

1. Schließe die Heizplatte an, erwärme 200 ml Wasser (Glasstab in dem Becherglas stehen lassen!) bis es kocht. Stelle die Platte danach ab. Achte darauf, dass der Tisch frei geräumt ist!
2. Lege ein Blatt der Buntnessel in das kochende Wasser. Warte 2-3 min.
3. Nimm das Blatt mit der Pinzette aus dem Wasser und lege es in Petrischale 1.
4. Bringe diese der Lehrerin. Sie wird das Blatt in erhitztem Ethanol schwenken. **Das Blatt wird so entfärbt.** Das Chlorophyll (grüner Blattfarbstoff) wird herausgelöst.
5. Fülle währenddessen Petrischale 1 mit etwas Wasser.
6. Wässer nun das Blatt kurz in Petrischale 1.
7. Fülle in Petrischale 2 etwas Iod-Kaliumiodidlösung. Lege das Blatt hinein. Warte 1-2 min.
8. Halte das behandelte Blatt gegen das Licht.

Aufgabe: Notiere und skizziere deine Beobachtung und Deutung auf deinem Arbeitsblatt! Nutze einen Bleistift.

Für ganz schnelle: Überlege dir einen Merksatz. Trage ihn mit Bleistift ein.

Problemfrage:

Vermutungen:

Versuchsdurchführung: siehe Arbeitsblatt

Beobachtung:

A)

Skizziere hier deine Beobachtung zu Versuch B!

B)

Deutung:

A)

B)

Antwortsatz:

1. Ergänze mit deinem neu erlernten Wissen das Schema zur Fotosynthese indem du die richtigen Begriffe in fünf Kästchen einträgst.

Was benötigt die Pflanze? Welche Stoffe gibt sie ab? Welche speichert sie?

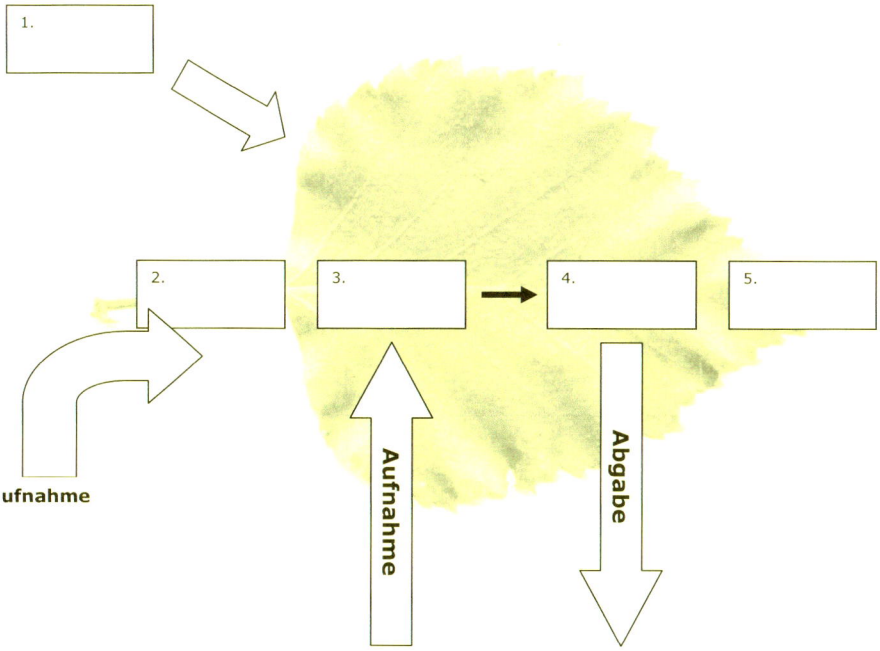

Lösung:

1. Sonnenlicht
2. Wasser
3. Kohlendioxid
4. Sauerstoff
5. Stärke